指导单位 中国科协宣传文化部 教育部校外教育培训监管

✦ 中国力量与中国科学家 ✦

我们的大飞机

本书编委会◎编著

孙元伟◎绘

沈海军 王亚男◎审订

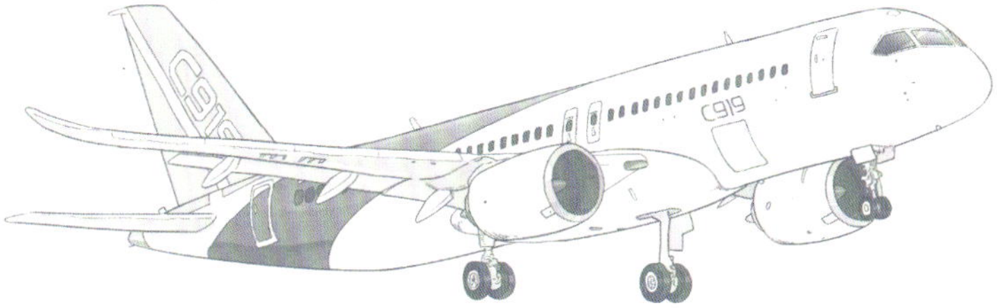

科学普及出版社

· 北 京 ·

图书在版编目（ＣＩＰ）数据

我们的大飞机 / 本书编委会编著 ; 孙元伟绘 . --
北京 : 科学普及出版社 , 2024.5
（中国力量与中国科学家）
ISBN 978-7-110-10629-7

Ⅰ . ①我… Ⅱ . ①本… ②孙… Ⅲ . ①航空航天工业
– 工业发展 – 研究 – 中国 Ⅳ . ① F426.5

中国国家版本馆 CIP 数据核字 (2023) 第 170672 号

责任编辑　李　睿　张敬一　王　蕊
图书装帧　洋洋兔
责任校对　焦　宁
责任印制　徐　飞

出　　版　科学普及出版社
发　　行　中国科学技术出版社有限公司
地　　址　北京市海淀区中关村南大街 16 号
邮　　编　100081
发行电话　010-62173865
传　　真　010-62173081
网　　址　http://www.cspbooks.com.cn

开　　本　889mm×1194mm　1/12
字　　数　110 千字
印　　张　6
版　　次　2024 年 5 月第 1 版
印　　次　2024 年 5 月第 1 次印刷
印　　刷　河北朗祥印刷有限公司
书　　号　ISBN 978-7-110-10629-7 / F・275
定　　价　88.00 元

"中国力量与中国科学家"丛书

指导单位

中国科协宣传文化部
教育部校外教育培训监管司

编委会（以姓氏笔画排序）

王元卓	王冬冬	王亚男	王继刚	王培雷	尹传红
龙明灵	田小川	田如森	齐贤德	李雅堂	吴宝俊
邹晓磊	汪晓寒	沈林苣	沈海军	张大健	张聚恩
陈 肖	陈海鹏	林镇南	柯 李	夏骁寰	钱 俊
郭雨齐	黄 虎	崔维成	臧 勇		

特约作者

龙明灵

创作组

孙元伟	刘小玉				
戚梦云	马羽飞	陈笑梅	尤晓婷	张 云	梁曦彤

本书在出版过程中，得到各界相关学者及科研单位悉心指导审阅，谨致以诚挚的谢意。

序 一

科学是人类认识世界、改变世界的重要工具。正是科学的力量，让我们能够揭开自然的奥秘，攀登技术的高峰。在这个科技飞速发展的时代，科学和技术已经渗透到我们生活的方方面面。而我国作为当今世界的科技大国，正以飞速发展的科技创新水平和杰出的科学家精神在全世界发挥着越来越重要的作用。

作为未来的希望，少年儿童应该被引导走进科学的殿堂，了解我国的前沿科技成果和科学家精神，这在多个层面、多种意义上说，都是非常重要的。

当孩子接触到科技领域的新发展和突破时，他们可能会产生强烈的兴趣，想要了解更多相关知识。这种好奇心和求知欲可以推动他们主动去学习和探索，培养他们的学习兴趣和自主学习能力。

对科技发展的关注，还可以拓宽孩子的视野。科技的发展与进步绝不是局限于一个国家或地区的，而是全球性的。通过对我国创新科技成就的关注，孩子会进一步去了解全球科技发展的形势，了解世界各地的科学家们是如何努力解决各种问题、推动社会进步的。这有助于培养孩子的国际视野和跨文化交流能力。

更为重要的是，对前沿科技成果的了解和熟悉，甚至可以改变孩子思考问题的方式，激发孩子的创新思维，提高其解决问题的能力。新科技的发展往往源于对现有问题的思考和尝试解决的努力。当孩子了解到一些科学家的故事时，他们可以学习到创新思维的重要性，明白创新是如何通过不断试错和迭代改进来实现的。这将激发他们对解决问题的热情，培养他们的创造力和实践能力。

同时，科技的发展不仅关乎技术本身，更关乎国家的生存与发展。因此，了解一些前沿科技发展背后科学家们所进行的思考、所付出的努力和牺牲，还可以培养孩子的社会责任感，激发他们的民族自豪感与家国情怀。孩子可以由此认识到科技的应用对社会的影响，并养成关注时事的习惯，树立社会责任意识。

"中国力量与中国科学家"是一套专为小读者准备的，介绍我国在科技创新领域所取得的多项成果，以及种种科学创新背后的科学家的图书。

难能可贵的是，这套书能够从孩子的角度出发，由两位可爱的小主角引导读者到书中一探究竟。这种方式符合儿童的心理需求和阅读习惯，两位小主角的对话充满了童趣，他们的疑问可能恰恰就是正在阅读这本书的小读者会有的疑问。这样的设计，让这套书更加贴近小读者，让原本陌生的前沿科学研究变得有温度、有感情，也让孩子们能够兴致盎然地投入阅读中。

祝贺"中国力量与中国科学家"丛书的出版，希望小读者们能够在阅读的引领下，走进科学的殿堂，在不远的未来，成为推动我国科技事业发展的新生力量！

中国科学院院士　陈润生

序 二

近年来，我国的科技创新领域捷报频传：中国科学家自主研发的天宫空间站逐梦寰宇问苍穹、奋斗者号下潜万米深海、大飞机翱翔天空、"中国脑计划"向最新的前沿领域进发……可以自豪地说，我国的科技实力，正在从量的积累迈向质的飞跃、从点的突破迈向系统能力提升。

在这无数成就和荣誉的背后，是无数中国科学家大胆探索、创新与奋斗的故事，写满了动人的科学家精神。中国空间站"万人一杆枪"，14个分系统的研究团队以常人难以想象的努力一次次突破"卡脖子"难题——仅仅为了一个火箭阀门的问题，300多名科研人员夜以继日地进行了三个月的研究和实验；奋斗者号载人深潜器团队一遍遍推演计算、研究图纸，走遍大江南北，最终找到最强的材料制造和焊接合作伙伴，攻克了技术难题，让奋斗者号成功造访马里亚纳海沟"挑战者深渊"；脑科学领域的专家勇敢地选择和西方不同的科学探索方向，在这一重要前沿领域中发挥着中国科学家的影响力……

面对这些令人骄傲的科技创新成就，我们怎样去让孩子了解？怎样激发孩子对科学的兴趣和热情？怎样进一步弘扬科学精神？眼前的这套"中国力量与中国科学家"丛书，正是向小读者展示中国的前沿科学成就、展示中国科学家精神的科普绘本。

这套书以我国科技事业取得的历史性成就为切入点，用图文并茂的形式，翔实地展示了大国重器的方方面面。比如，带领读者"登陆"空间站，看看空间站内外的结构、布置，了解空间站内外那些中国科学家自主创新的"黑科技"，以及科学家是如何攻坚克难、砥砺协作，取得这些成绩的。

这样的一套书，不但可以引导少年儿童去关注与我们的生活密切相关的前沿科学技术，关注科技发展给我们的生活带来的巨大改变，而且还能够通过对前沿科技知识的普及、对科学家精神的展示，启发他们去思考，思考科技、国家与个人的关系，在他们的心中埋下科学探索、爱国奉献的种子。

中国科学院院士　周忠和

目录

对阿朵朵和灿烂来说，今天绝对是个值得纪念的日子！
这是他们第一次独自乘坐民航飞机！

注：5—12 岁儿童独自坐民航飞机，需提前 48 小时联络航空公司（各航空公司申请时间规定有所不同），申请无成人陪伴儿童服务。12—18 岁少年可自愿申请无成人陪伴服务。

在中国,大飞机通常指起飞重量超过100吨的运输飞机,也包括拥有150座以上的干线喷气式客机。要把这么重的"铁疙瘩"送上天空,还要操控它做出爬升、转弯等动作,少不了多学科知识的融合,以及数不清的航空人多年来的艰苦钻研!

嗯嗯！

操控飞机飞行是个十分复杂的过程，不同构型的飞机，操控方式也大不相同。

空气冻梨？听起来有点好吃……

叔叔！您一定是在说天书吧……

这里涉及空气动力学、气象学、飞行原理、航空器动力装置……

哈哈哈！对不起，我一遇到有关航空的事情就总想说个不停，忘记了你们还是小朋友呢！

自我介绍一下，我是一名航空工程师，今天刚好要去参加一场有关前沿航空科技的研讨会，所以我随身带着这款新型的航空科普智能机器人，就让它来给你们讲讲吧！

你们好，我叫小九！

哇！

小九，快讲讲大飞机到底是怎么飞上天的吧！

飞机的飞行原理

飞机的飞行是一种在三维立体空间中进行的复杂运动，想让一架飞机飞上天，就需要飞机上的各部分结构相互配合，令飞机获得动力、升力等，以及具备在空中完成转向、俯仰等动作的能力。

 从外观上来看，飞机通常具有机身、机翼、尾翼、发动机、起落架这五部分结构。

机身

通常设计为外观简洁、曲线顺滑的流线型，以减小飞行阻力。

发动机（一对）

发动机是一架飞机的"心脏"，为飞机的升空和飞行提供动力。

机翼（一对）

机翼的主要作用是产生升力。机翼上一般装有副翼和襟翼。

后缘襟翼

飞行扰流板

副翼

调整两侧机翼的升力。

前缘襟翼

前缘缝翼

在起飞和降落的低速状态下放下襟翼，可以增加机翼整体升力。

水平尾翼（一对）

负责稳定俯仰状态。

垂直尾翼

负责稳定飞行方向。

起落架（前三点式）

现代化飞机大多采用前三点式起落架，即机头下方有一个前轮，两侧机翼下方有两个主（承力）轮，这样的起落架能有效保障飞机的正常滑跑、起飞和降落。

◆ **后三点式起落架**

很多老式飞机都采用了后三点式起落架，也就是两个主轮在前，一个小尾轮在后。这种起落架在飞机起飞和降落时会影响飞行员的视野，操作起来也比较复杂，所以现代化飞机已经不再采用这种设计了。

作为重于空气的飞行器，很多人以为飞机是靠浮力升空的，但这是一个误解。实际上，飞机是利用发动机产生的推力，推动飞机向前运动，利用空气相对运动获得升力，最终飞上天空。

当迎面而来的气流流过机翼时，机翼上、下表面会形成一个压力差，这个压力差就是升力。当发动机的推力令飞机的滑动速度足够快时，升力就足以把飞机"抬"起来，飞机也就离开地面，起飞了。

上表面空气流动速度较快，压力小

机翼剖面

下表面空气流动速度较慢，压力大

上、下表面的流速压差，再加上机翼翼型产生的向下引流效应，共同产生了升力。

 通过飞机各部件之间紧密无间的配合，飞机就可以完成一些飞行动作啦！由于这些动作基本上是围绕三条虚拟的轴线进行的，因此被称为飞机的三轴运动。

滚转

围绕从机头至机尾的纵轴做滚转动作。

俯仰

围绕穿过两侧机翼的横轴做俯仰动作。

转向

围绕垂直于飞机平面的立轴做转向动作。

太厉害啦！真有趣！再多讲讲！我还想听直升机！热气球！大火箭！

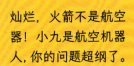
灿烂，火箭不是航空器！小九是航空机器人，你的问题超纲了。

没关系！下面就让我们了解一下航空器与航天器的区别吧！

航空器与航天器

航空和航天，虽然看起来只差了一个字，但是其实有着非常大的差别。航天器和航空器的不同主要体现在飞行高度、动力装置和飞行速度这三个方面。

各种各样的航空器

航空器想要顺利升空，就必须有一个大于自身重力的升力。根据升力的产生原理，可以将航空器分为两大类：轻于或等于同体积空气的航空器和重于同体积空气的航空器。前者靠空气的静浮力升空，主要代表有热气球和飞艇；后者靠空气动力平衡自身重力升空，主要代表有旋翼机、直升机和飞机等。

热气球和飞艇

热气球和飞艇可以用于观光旅游、气象观测和空中侦察等。

自转旋翼机

自转旋翼机起飞前，需要先"跑"起来！螺旋桨等推进装置会为它提供前进的推力，等它"跑"起来后，气流就会吹动旋翼旋转，产生升力，让它飞起来。

自转旋翼机外形虽然与直升机相似，但它不能悬停和倒飞，起飞时也需要跑道进行滑跑。

探索外太空的航天器

航天器指的是在太空运行，执行探索、开发、利用太空和天体等特定任务的各类飞行器。典型的航天器有人造地球卫星、空间探测器、载人航天器和空间站等。

长征五号运载火箭

风云四号 B 星气象卫星

天宫空间站

外层（也被称为散逸层或逃逸层）

距地表 500 千米及以上高空，低轨道卫星一般位于这一层。

增温层

距地表 85 ~ 500 千米，空气在这一层处于高度电离状态，南极和北极常在春分和秋分之前，在这一层里发生极光现象。

中间层

距地表 50 ~ 85 千米，空气十分稀薄，陨石进入大气圈后，会在这一层与空气发生摩擦，从而升温、燃烧，形成流星。

平流层

距地表 8 ~ 50 千米，空气在这一层平稳流动，通常晴朗无云，是喷气式客机最理想的飞行空间。

飞机

飞机是现代最主要、应用范围最广的重于同体积空气的航空器，它由动力装置产生前进的推力或拉力，由固定机翼产生升力。

直升机

直升机的升力主要通过发动机驱动旋翼旋转产生，升空后，旋翼的桨叶会在快速转动的过程中形成一个倒锥体（旋翼锥体），通过控制旋翼锥体的整体升力方向，就可以实现直升机的前进、后退，甚至左右平移。

对流层

地表以上 8 千米（最高可达 18 千米），冷热空气在大气圈的这一层会形成强烈的对流，导致云、风、雨、雪等一系列天气现象的发生，各类航空器在这一层里飞行都十分危险，不可长时间停留。

现在，你们已经对航空器和航天器有了初步的了解，接下来，就让我们去了解一下古今中外的航空发展历史吧。

向往蓝天

自古以来，人类就拥有飞行的梦想，虽然碍于科技水平的限制，古人不能亲身体验翱翔于蓝天的喜悦，但在他们天马行空的想象之下，许多神话中的角色都被赋予了神奇的飞行能力。后来，随着科技水平的不断进步，人们制作出了许多浮空、飞空的用具，尝试了各种飞天实验，经历了一段丰富而有趣的飞行探索历程。

飞行神话

古代阿拉伯神话中的飞毯

这种色彩鲜艳、花纹繁复的地毯是古代阿拉伯地区的传统手工艺品和常备家居用品。

在古代阿拉伯神话中，这种地毯既能漂浮，又能飞行，可以载人飞往任何地方。

古罗马神话中的翅帽和双翼鞋

古罗马神话中，有一位负责为众神传递消息的沟通之神——墨丘利，他拥有一顶带翅膀的帽子和一双插着翅膀的鞋，这些"装备"能令他行走如飞，以最快的速度接收和传递消息。

飞行实验

早在春秋战国时期，就有能工巧匠利用木头、竹片等材料制作出会飞的木鸟（木鸢、木鹊等）的记载，但由于这些记载年代久远，也缺乏实物佐证，后人只能靠文字描述想象木鸟的样子。

后人想象中的木鹊
公输子削竹木以为鹊，成而飞之，三日不下。
——《墨子·鲁问》

木鹊

孔明灯

孔明灯是一种依靠大气浮力升空的古老飞行器，类似纸灯笼，只不过开口在底部。相传，孔明灯是三国时期著名军事家诸葛亮发明的，起初被用于传递军事信息，后来多用于民间娱乐，或寄托思念之情。

纸鸢

汉代，随着造纸术的发明与改良，人们利用纸张轻薄的特点发明了纸鸢（把纸糊在竹条做的骨架上，用细绳牵引，就能乘风飞空），也就是我们现在所说的风筝。

《封神演义》中的风雷双翅

雷震子是明代小说《封神演义》中的神话角色，他背后长有一对风雷双翅，飞行速度奇快，能助他日行万里。

中国古代神话中的"不死药"

在嫦娥奔月的传说里曾提到过一颗"不死药"，这颗药是嫦娥的丈夫后羿从西王母那里求来的，如果整颗吞下，就能飞天成仙。传说中，嫦娥正是因为吃下了这颗"不死药"，才获得了升天的神奇能力。

《西游记》中的筋斗云

明代小说《西游记》里的主角之一孙悟空能借助筋斗云做到"一个跟斗十万八千里"。有趣的是，筋斗云并不是会飞的云彩，而是孙悟空将自己喜欢的翻跟斗动作与师父传授的腾云驾雾法术结合，发明出来的一种新法术。

万户飞天

相传，元末明初有一个叫"万户"的人（也有学者认为"万户"是一个官职），他热爱研究火器，同时也是中国尝试利用火箭升空的第一人。万户制作的飞空装置十分简单，他将一些自制的火箭绑在椅子上，手举两个大风筝，准备利用火箭点燃时的助推力带动风筝升空，从而将坐在椅子上的自己也带向空中。但不幸的是，火箭在点燃后发生了爆炸，万户也因此牺牲。

1970 年，国际天文学联合会将月球背面的一座环形山命名为"Wan Hoo"，以纪念这位世界公认的"航天始祖"。

宋代的这种原始火箭虽然构造简单，安全隐患大，但它的工作原理已经和现代的火箭如出一辙了。

火箭

火箭最初指一种把火种绑在弓箭前端的远程纵火兵器，火种本身不会产生任何推力，只靠弓箭带着飞向远处。宋代时，人们利用火药改进了火箭，他们把火药装填在纸筒里，前端封死，后端引出导火索。点燃火箭就会产生向后喷射的气体，气体的反作用力会成为助推力，帮助弓箭飞得更快、更远。

世界早期航空器的发展

18世纪早期，中国的孔明灯技术传入西方。薄薄的纸灯笼也能稳稳地飞上天？这种神奇的升空现象让西方人对飞上天这件事又产生了新的想法。

▶▶18 世纪后期

载人热气球诞生

1783年，法国的蒙哥尔费兄弟参考孔明灯的升空原理，发明了热气球，并在6月4日实现了首次升空，他们也因此闻名法国。9月19日，他们又在法国凡尔赛宫前面的广场上，在万人瞩目下，成功将三位特殊的动物乘客（羊、鸡、鸭各一只）通过热气球送上了天空。

◆ 罗齐埃和达尔朗德
第一次载人热气球飞行试验的志愿者。

蒙哥尔费兄弟

天啊！这不是在做梦吧？我们真的让人类"飞"上天了！

热气球成功将动物带上天空，又几乎完好无损地把它们送了下来，这场试验无疑增加了蒙哥尔费兄弟尽快落实载人热气球的信心。1783 年 11 月 21 日，在法国国王路易十六的支持下，兄弟二人又成功让两位志愿者乘坐热气球，进行了约 25 分钟的空中飞行，实现了人类第一次离地飞行！

◆ **乔治·凯利**
　　英国空气动力学之父，一生致力于研究航空理论与航空器，曾在《自然哲学》杂志上发表过一篇题为《论空中航行》的论文，被后人视为航空学说的"起跑线"。

我要做出一架重于空气的载人航空器！

气球能升空，是因为气球比空气轻。那么，比空气重的鸟儿为什么也能在天上飞呢？

10 岁的乔治·凯利

▶▶**19 世纪中期**

第一架重于空气的载人航空器

　　乔治·凯利在 10 岁时亲眼看到了法国第一次载人热气球的飞行试验，从此在心中埋下了飞行的种子。他研究鸟类飞行，研究鱼类与流线型的关系，尝试制造各种各样的滑翔机……

　　1849 年，多年累积的航空理论与制造经验，令 76 岁的凯利实现了人类历史上第一次载人滑翔机系留牵引飞行（乘客是一个 10 岁的小男孩）。1853 年，他再次研制出了一架新的滑翔机，这是人类历史上第一架重于空气的载人航空器。

总要有人牺牲。

▶▶19 世纪后期　利用气流飞行的滑翔机

奥托·李林塔尔是一位德国工程师，也是优秀的滑翔飞行家。他曾潜心研究鸟类的飞行原理，并从中受到启发，成为世界上最早设计和制造出实用滑翔机的人。

虽然李林塔尔在后来的一次飞行试验中不幸身故，但他编写的航空理论著作和留下的大量飞行经验，为此后研究和改进飞行器的人提供了莫大帮助。

◆ 李林塔尔的单翼滑翔机

滑翔机自身不具备动力，是一种借助气流滑翔的飞行器。

▶▶19 世纪后期　第一架重于空气的动力飞行器

塞缪尔·兰利是美国天文学家，同时也是著名的航空先驱。他虽然没有上过大学，却依靠毅力自学成才，在天文学、航空学领域取得了巨大的成就。1896 年，兰利制造了一架用蒸汽机做动力装置的模型飞机，它以飞行高度150 米、留空时间近 3 小时的记录，实现了人类历史上第一次重于空气的动力飞行器稳定且持续的飞行，这次试验在世界航空史上具有重大意义。

◆ 兰利的飞机在水上试飞

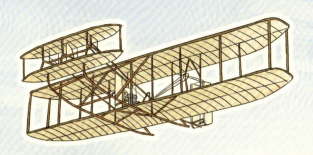

◆ 莱特兄弟的"飞行者1号"

长得像滑翔机，却是真正的飞机。

第一次飞行数据：留空时间12秒，飞行距离36米。

▶▶20 世纪初　第一架真正的飞机

1903年12月17日，世界上第一架真正意义上的飞机迎来了它的"考试"。这架飞机的驾驶员兼制造者是一对美国青年——莱特兄弟。他们参考前人的研究成果，先是突破了老式滑翔机稳定性与可操纵性不足的缺点，又在此基础上为滑翔机搭载了动力系统，最终制造出了这架"飞行者1号"飞机。这场试飞的成功，标志着人类终于能够驾驶可操纵的动力飞行器进行持续飞行了。

大哥，咱们是不是干了件了不起的大事！

哈哈哈……不能骄傲！没有前人的努力，就没有咱们的成功！

从莱特兄弟制造出第一架飞机，到100多年后的今天，双翼机演变成了单翼机，螺旋桨式动力被喷气式动力所取代，只能乘坐一人的飞机变成了载客量几百人的客机……航空技术的突飞猛进，令人类的航空梦想不再止步于神话。

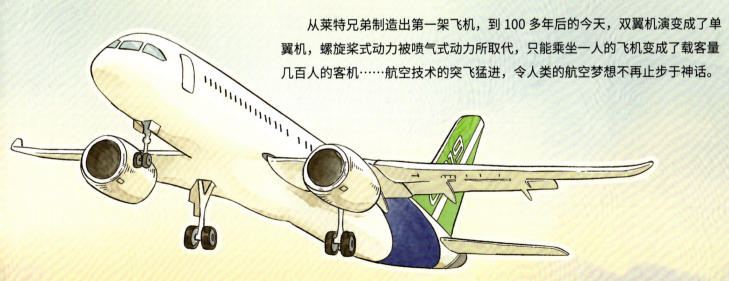

中国航空工业发展史

作为最早尝试飞行的民族，中华民族一直没有放弃对飞行的探索。1909 年 9 月 21 日，距莱特兄弟发明"飞行者 1 号"飞机 5 年后，一架由中国人自主设计、研制、生产的飞机，穿云破雾，飞向长空，这是属于中国人自己的首次载人动力飞行！

中国航空之父冯如

冯如是中国第一位飞机设计师、制造者和飞行家，由他发明并制造的飞机，曾一度突破此前其他飞机创下的众多记录。

《东方的莱特在飞翔·自制双翼飞机》——美国旧金山《观察者报》于 9 月 23 日在头版上对冯如的报道。

"冯如 1 号"飞机

1909 年 9 月 21 日，"冯如 1 号"飞机在美国奥克兰市成功试飞，首航高度和距离都远远超过了莱特兄弟发明的飞机。

冯如声名远扬后，很多外国公司想重金聘请他，但他没有丝毫犹豫，带着丰富的经验和学识毅然回到了中国，决心为发展中国的航空事业贡献自己的力量。

儿时的冯如家境贫寒，但这并不影响他奋发图强的决心。12 岁时，冯如跟随亲属到美国谋生，在这里他深深地意识到，国家的富强必须依靠先进的工业科技。此后，他刻苦学习机械制造知识，不但在美国旧金山创办了广东飞行器公司，还在制造飞机的过程中不断寻求突破，积累经验教训，最终在 1909 年成功造出了备受世界瞩目的"冯如 1 号"飞机！

中国航空档案

初期发展举步维艰

冯如回国后不久，就在一次飞行试验中不幸意外去世，而这时的中国，正处于时局动荡、军阀割据的时期，内忧外患不断。国外的很多飞机制造商嗅到了乱世中的商机，纷纷到中国进行飞行表演，推销他们的飞机。军阀对此也很感兴趣，他们购买飞机，训练飞行员，试图建立起自己的军事航空队伍。

通过购买国外的飞机，中国的航空工业得到了一定的发展，却不具备自主研发和生产飞机的技术。抗日战争爆发后，中国购买的那些飞机不断损毁，又得不到及时的维修和补充，在战争期间，中国的航空工业被摧毁殆尽。

中国的航空工业是从修理飞机开始的？

太好啦！中国的航空工业在冯如的领跑下，往后就要蒸蒸日上啦！

实际上并没有那么顺利，让我们去档案馆里看看能发现什么吧。

AIR show

◆ 早期民间特技飞行表演

特技飞行的历史几乎与飞机问世一样久远。特技飞行家通常会在一定的保护措施下，在高空运动着的飞机上做出走机翼、骑机尾、荡起落架等高难度动作。国外飞机制造商通过这种惊险刺激的表演展示飞机性能，同时吸引中国观众为演出或飞机本身买单。

战后艰难起步

抗日战争胜利后，中国在东北地区创办了航空学校，从修理日军遗留的一些残破飞机和飞行器材开始，在学习中摸索，培养了一批专业的航空人才，为后来中国航空工业的发展奠定了基础。

◆ 东北老航校之"马拉飞机"

航空工业领域的技术空白，使中国航空事业的发展困难重重。没有飞机，就用缴获的日军飞机；没有运输车辆，就用马车搬运飞机和航材……我国的航空工业虽然起步艰难，但也因此进入了真正意义上的发展阶段。

20 世纪 50 年代初，朝鲜战争爆发，中国人民志愿军赴朝作战。战争对飞机的需求量极大，为迅速提升航空装备修理保障能力，中央人民政府重工业部（中华人民共和国重工业部前身）于 1951 年 4 月 17 日成立了航空工业局。

由维修转向制造

从建立飞机修理厂，将修理好的其他国家的飞机化为己用，到与当时的工业大国合办飞机工厂，装配与仿制飞机，再到建立航空制造和人才培养体系，实现自主研制飞机。中国的航空工业自 20 世纪 50 年代开始，不断突破进取，获得了巨大的进步，终于迈入了世界先进航空工业国家的行列。

1956年7月19日，我国试制的第一架喷气式歼击机——歼5首飞成功。歼5装配的"涡喷5"型发动机，是中国制造的第一种涡轮发动机。此时，距中国航空工业创建仅5年。

1954年7月3日，我国制造的第一架飞机——初教5教练机（原型机是苏联雅克—18教练机），在中国南昌飞机制造厂试飞成功。

众多的"第一"，标志着我国的航空工业从修理转向制造！

1957年12月10日，我国第一架多用途运输机——运5首飞成功。

正在执行运输任务演习的直5直升机，该机型是我国制造的第一种多用途直升机。

自行设计飞机的尝试

1956年8月2日，我国第一个飞机设计室——沈阳飞机设计室成立。一个多月后，时任设计室主任的徐舜寿，提出了设计中国自己的喷气式中级教练机的建议，即歼教1教练机。1958年3月，设计室完成了歼教1生产图样的绘制和发图，并着手试制样机。7月24日，歼教1的第一架样机"101号"机完成总装，并于7月26日完成首飞！

 太厉害啦！歼教1的研制工作——从绘图、发图到总装完毕，只用了100多天的时间！

是呀！而且歼教1的成功研制，还标志着我国自主设计研制飞机迈出了第一步！

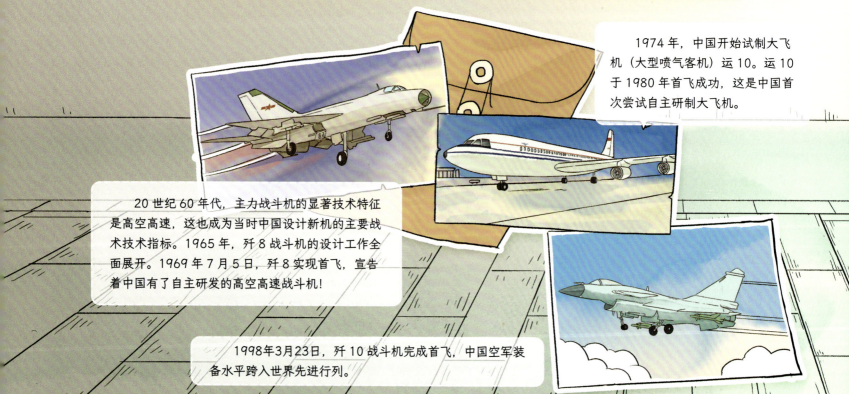

1974年，中国开始试制大飞机（大型喷气客机）运10。运10于1980年首飞成功，这是中国首次尝试自主研制大飞机。

20世纪60年代，主力战斗机的显著技术特征是高空高速，这也成为当时中国设计新机的主要战术技术指标。1965年，歼8战斗机的设计工作全面展开。1969年7月5日，歼8实现首飞，宣告着中国有了自主研发的高空高速战斗机！

1998年3月23日，歼10战斗机完成首飞，中国空军装备水平跨入世界先进行列。

中国航空工业由小到大

虽然中国航空工业的发展比西方国家起步晚，但我们却从望尘莫及的差距，追赶到了望其项背，随后突破至并驾齐驱。时至今日，中国在航空领域的科学研究与工业发展，已经达到了局部领先于世界的水平，不但可以生产制造世界一流的军用飞机，还建立了世界上少有的、完整的航空工业体系。

1949年10月1日，在中华人民共和国开国大典的阅兵仪式上，26架飞机从天安门上空飞过，这是尚未正式组建的中国人民解放军空军第一次公开亮相。

然而，参加阅兵的飞机都是缴获来的，而且它们实际上只有17架。人们所看到的26架，其实是因为最先完成飞行的9架飞机在飞走后又绕了回来，重新飞了一遍。

70年后，在2019年国庆阅兵仪式上，12个空中梯队的168架飞机排成整齐划一的队形飞过天安门上空。中国航空力量的薄弱，早已在中国航空人的不懈努力之下成了过去式。这样不惧挑战、迎难而上的中国航空精神，值得每个中国人骄傲与自豪。

一架飞机的诞生

一开始，飞机的设计和制造没有固定的模式，每个飞机发明者都有自己天马行空的设计理念，所以飞机的功用、外形等五花八门。后来，随着人们对飞机各方面需求的增加，飞机的设计和制造也逐渐成为复杂的技术工程，并且拥有了严格的标准与流程。

提出需求

飞机的性能指标也称"四性指标"，包括安全性、环保性、经济性和舒适性。

现代飞机的设计、生产需要成千上万的人共同完成，耗时久，花费巨大。为了保证每个阶段都能顺利进行，在开始设计之前，飞机的使用方就会根据市场需求，对一架新飞机的各种性能指标提出设计方面的需求。

我们想要一架标准航程为 4000 千米左右的中短途商用机。

这架飞机应该更环保，尽可能地降低碳排放量。

这架飞机应该是巧克力做的！

发动机要选更先进的，以降低油耗、减少噪声和排放为前提。

综合航电系统很重要，提高飞机导航性能、改善操作系统的界面（人机界面），给我们的飞行员减轻负担。

进行设计

综合各方需求，设计师会对飞机进行概念设计，需求方则会组织航空专家对概念设计方案进行审定，再由设计师按要求修改。这个过程通常会反反复复，经历很长一段时间。

灿烂，你真的设计了一架巧克力飞机呀！

我觉得这架巧克力飞机还不够可爱。把机身改圆一些？

最终，设计师将绘制出飞机的三维设计图，并通过模拟计算，确定飞机各部位的尺寸、受力情况等，为飞机配置更适合的发动机，选配制造材料。

风洞试验与铁鸟试验台

设计方案确定后，还不能直接投入生产制造，为了评价飞机的布局是否合理、性能是否完善等，工程师还会对飞机进行一系列的试验。

 铁鸟试验台（飞控液压系统综合试验台架）

模型试验通过后，工程师还会制造一个1:1还原了飞机各部分零件的大框架，它会模拟飞机在飞行过程中可能遇到的各种状况，并检测飞机的操纵系统是否达标。

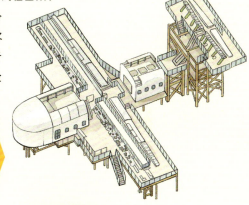

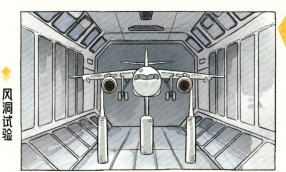

风洞试验

"风洞试验"开始！我吹！

反了呀！风洞试验是风扇从飞机前面吹风，这样才能让飞机对上迎面而来的气流啊！

这些试验完成后，大飞机就可以正式投入生产啦！

风洞试验也叫飞机的吹风试验，简单来说，就是工程师会按照设计图，制造出一架等比例缩小的飞机模型，让它在模拟空中气流环境的风洞里吹吹风（令高速流动的空气流经飞机表面）。根据风洞试验的数据，工程师可以及时调整飞机的外部设计，以保障飞机的飞行安全。

制造与组装

　　各项试验完成后，飞机设计图就会发到世界各地的零部件制造商手中，发动机、机翼、起落架等，都是在不同的工厂里制造完成的。最终，它们会从四面八方汇集到总装工厂里，由工程师进行最后的组装。

等待组装的右机翼

机头
（内设驾驶舱）

驾驶舱内部

机身

客舱

货舱

机身剖面

正在组装的垂直尾翼

方向舵

正在运输中的起落架

水平尾翼

机尾

襟翼

副翼

左机翼

翼梢小翼

机翼前缘

左发动机

整机组装完成后，大飞机不能直接投入使用，它还将参加一场重要的"毕业考试"！

大飞机的"毕业考试"

飞机需要在高空中高速飞行，一旦发生事故，后果不堪设想。为了保证飞行安全，一架大飞机从设计、组装，到最后的批量生产，其间要经历大量的试验。

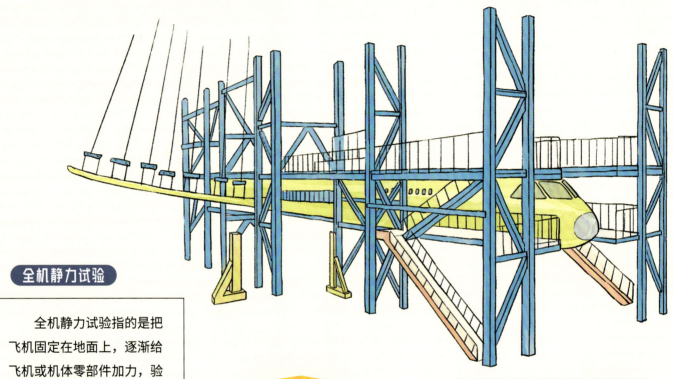

全机静力试验

全机静力试验指的是把飞机固定在地面上，逐渐给飞机或机体零部件加力，验证飞机能承受的最大压力和最大变形程度，也就是检验飞机的结构强度是否达标。

坚持！我还可以……可以……以……

静力试验时，机翼上会密密麻麻地排布着一种特殊的贴片（应变片），它们可以帮助工程师测试出飞机的受力情况。

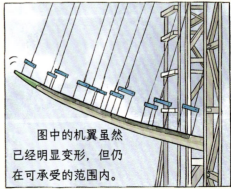
图中的机翼虽然已经明显变形，但仍在可承受的范围内。

环境试验

飞机常在高温、大雨、风雪、沙尘等不同的自然环境中工作，还总会面临鸟撞、结冰、吞水、腐蚀等情况。因此，对飞机进行环境试验必不可少。在这项"考试"中，工程师会人为制造出一些模拟自然界极端环境的场景，以此考核飞机的耐受度。

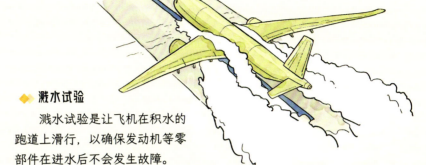

◆ 溅水试验

溅水试验是让飞机在积水的跑道上滑行，以确保发动机等零部件在进水后不会发生故障。

◆ 风雪试验

风雪试验是人为用超高功率的造雪机对着飞机猛吹，看看冻成"冰棍儿"的飞机能否正常工作。

◆ 鸟撞试验

历史上的许多飞行事故，都是由飞机与飞鸟相撞造成的。由于飞机的飞行速度比鸟类的飞行速度快得多，所以一旦二者正面相撞，冲击力不亚于一颗炮弹打在了飞机上！因此，鸟撞试验是"必考项目"！

空气炮是鸟撞试验的必要装置，"鸟弹"就是通过这条长长的炮管被发射出去的。

根据试验需要，工程师会选用不同类型的鸟弹，比如这款明胶鸟弹。

机场周围出现飞鸟的概率很高，因此常有驱鸟车在周边巡逻。驱鸟车上载有空气炮、高音喇叭等装置，能制造噪声、播放鸟类天敌的声音等，以此吓跑鸟类。

一架飞机能否投入使用，必须要用实际的飞行来验证。完成地面上的各种试验后，大飞机就要进入真正的飞行"考试"了！考试内容主要包括首飞、调整试飞、鉴定试飞、使用试飞等，这些试验是地面试验无法代替的。

飞机的首飞指的是对原型机进行试飞，测试飞机是否可以安全飞行和起降。

◆ **工程师在检查起落架**

飞机首飞后，会进行一系列的调整试飞，包括测试飞机的各种性能，找出设计和制造过程中的缺陷等。工程师会认真记录问题，随后反馈给设计师进行调整修改，最终保证飞机性能达标。

鉴定试飞主要检测的是飞机各部件、系统能否达到要求，如发动机、机载设备等。工程师会根据测试得出的飞行数据编写详细的使用手册。各方面符合要求后，大飞机就会进行最终的使用试飞啦！

◆ **工程师正在为机身喷保护漆**

我从飞机组装时就想问了，为什么都到试飞环节了，飞机机身还一直是黄绿色的呀？

飞机部件常由铝、钛、镁、钢等金属材料制成，而它们常用的保护漆主要是铬酸盐防护底漆，这种漆料的颜色便是黄绿色啦！一般新出厂的飞机在没有进行涂装前，都是通体呈现黄绿色的。

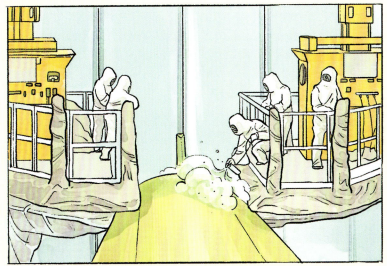

整装待发

至此，大飞机的所有"考试"都顺利通过啦！它们会从里到外换上新"衣服"，正式投入使用！

◆ 标明飞机型号和身份的外部涂装

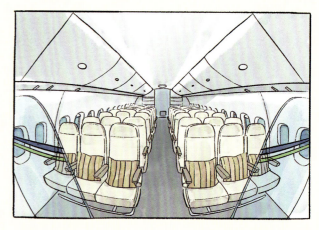

◆ 完成内饰装修的客舱

没错，中国航空工业能在今天拥有突飞猛进的发展，离不开一代又一代航空人的潜心钻研与辛勤付出！让我们一起来认识一下这些厉害的航空人，还有由他们主持研制的飞机吧！

太厉害啦！一架飞机从设计、制造、测试，到正式投入使用，每一个环节都好复杂！这需要用到超多的科学知识！

味道、口感、外观都很完美！我宣布，我的巧克力飞机也通过所有"考试"了！

中国飞机图鉴

歼5战斗机

歼 5 战斗机是国营——二厂（现中航工业集团沈阳飞机工业公司）参考苏联米格—17 战斗机生产的喷气式战斗机，也是我国制造并装备空军的第一种高亚声速喷气式战斗机。歼 5 的研制成功，标志着我国已经成为当时世界上能够成批生产喷气式战斗机的国家之一。

▶▶ 以弱胜强

歼5甲战斗机

朝鲜战争结束后，根据空军防空作战的需求，我国决定参考苏联的米格—17 全天候型试制歼 5 甲，以满足空军在夜间和复杂气象条件下的作战需求。

与歼 5 相比，歼 5 甲发动机性能改进，加装了 SL—1 型火控雷达，具备了夜间作战能力。从外观看，歼 5 甲座舱前部的机身加粗，进气道上部加装凸起的鱼嘴状雷达天线罩。

屠基达（1927—2011）是中国第一批航空人之一。幼年的屠基达曾目睹日本飞机在中国的上空"大摇大摆"地飞过，这触目惊心的记忆，确立了他投身航空事业来救国的理想，而他也用实际行动诠释了老一辈航空人献身航空的赤子情怀。他参与了中国第一个飞机设计室的创建工作，先后参与或主持设计了包括歼教1、歼5甲、歼教5、歼7Ⅱ、歼7M、"枭龙"等多种型号飞机的研制，一生为我国航空工业和国防事业作出了卓越贡献。

屠基达将自己众多的设计创新都深深熔铸进了飞机里，他时时挂在嘴边的一句话便是："设计员笔下有黄金。"他对于技术创新的执着更是影响了一代又一代的航空人。

▶▶ 夜间作战

歼轰 7 歼击轰炸机

歼轰 7 是中国航空工业自行设计制造，以及拥有自主知识产权的第一种双发、双座、超音速歼击轰炸机，绰号"飞豹"。

▶▶ 冲天 "飞豹"

20 世纪 70 年代，陈一坚（1930— ）被任命为歼轰 7 的总设计师。改革开放初期，国家百废待兴，各方资金紧张，"飞豹"的研制经费削减、进度放慢，就连当时配合设计的几百个工厂也全停了。陈一坚和他的研制团队坚持继续用最省钱的方法，"纯手工"调整方案、打样设计，约一年过后，"飞豹"设计图已一摞摞摆在案上。

在"飞豹"从诞生到最终长成的 20 年里，陈一坚也在一起成长。如今已年过九旬的"飞豹之父"，仍在热情关注和支持着我国飞机事业的发展。

歼8战斗机之父顾诵芬（1930—）主持建立了我国飞机设计体系，为我国的蓝天事业发展效力70年。他曾经在研制过程中为攻克飞机跨声速抖振问题，不顾生命危险三次跟飞上天，近距离观测，最终解决问题。顾诵芬是我国航空界中唯一的两院院士，也是我国航空工业唯一一位航空报国终身成就奖的获得者。2020年，90岁高龄的顾诵芬获得了国家最高科学技术奖。获奖之后他说，他一生没有多么轰轰烈烈，只不过是没有虚度光阴，替国家做了一些事情而已。

歼8战斗机

歼8战斗机是在苏联米格—21的基础上改进而来的，外形采用机头进气双发布局，使用40多种新材料、超过20项新工艺，以及全新研制的超过200项配套产品。歼8战斗机的诞生是我国自主研发战斗机的第一步，歼8及其衍生机型是20世纪末我国的主战飞机。

▶▶ 高空高速之鹰

歼10战斗机

歼10战斗机突破了先进气动布局、数字式电传飞控系统、高度综合化航空电子系统和计算机辅助设计与制造等一系列关键技术，使中国战斗机研制有了跨越式发展。

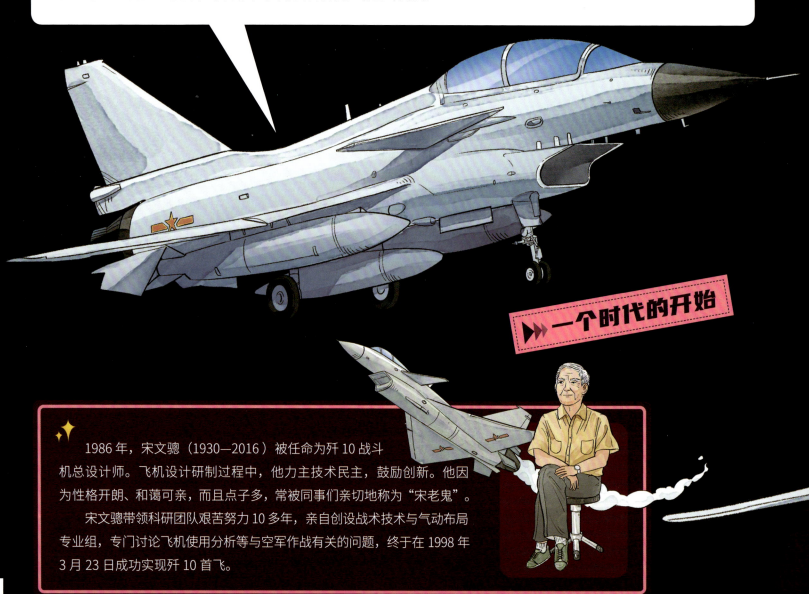

▶▶▶ 一个时代的开始

1986年，宋文骢（1930—2016）被任命为歼10战斗机总设计师。飞机设计研制过程中，他力主技术民主，鼓励创新。他因为性格开朗、和蔼可亲，而且点子多，常被同事们亲切地称为"宋老鬼"。

宋文骢带领科研团队艰苦努力10多年，亲自创设战术技术与气动布局专业组，专门讨论飞机使用分析等与空军作战有关的问题，终于在1998年3月23日成功实现歼10首飞。

歼10B战斗机

歼 10B 战斗机是歼 10 的改进型号，其外形的一个明显特征就是用无附面层隔道超声速进气道（DSI）取代了原先的可调式矩形进气道，既提升了飞机的飞行性能，又降低了机体重量。

▶▶ **轻装上阵，实力不减**

舰载战斗机CARRIER-

歼15舰载战斗机

歼15舰载战斗机是一种重型双发舰载战斗机，服役于中国第一艘航母——辽宁号航空母舰（简称辽宁舰）。歼15的成功研制和服役，标志着中国正式拥有了固定翼舰载战斗机，并真正实现了远洋海上攻防作战的立体化。

在同事眼中，歼15总设计师孙聪（1961— ）的一大特点就是勤奋好学、肯于钻研。他是无线电专业出身，参加工作以后自主学习了飞机总体、气动、隐身等方面的知识，为了学习阅读了大量的书籍，甚至在需要时回到校园继续深造。从无线电专业转到飞机设计专业，又从设计陆地上的飞机转到设计舰载机，这种学科跨界背后的艰辛与付出为常人所不知。而孙聪凭借着对航空事业的热爱，坚持在科研岗位上数十年如一日地刻苦钻研，在飞机总体设计工作中积累了较丰富的经验，逐步成为该专业的学科带头人和青年专家。

孙聪主持歼15的研制工作，突破了总体设计、着舰技术和电磁兼容等多项重大关键技术，建立了中国舰载战斗机完整技术体系，形成了中国第一种舰载战斗机装备，综合作战效能与世界现役同代主战舰载机相当，为研制新一代舰载机积累了宝贵的经验。

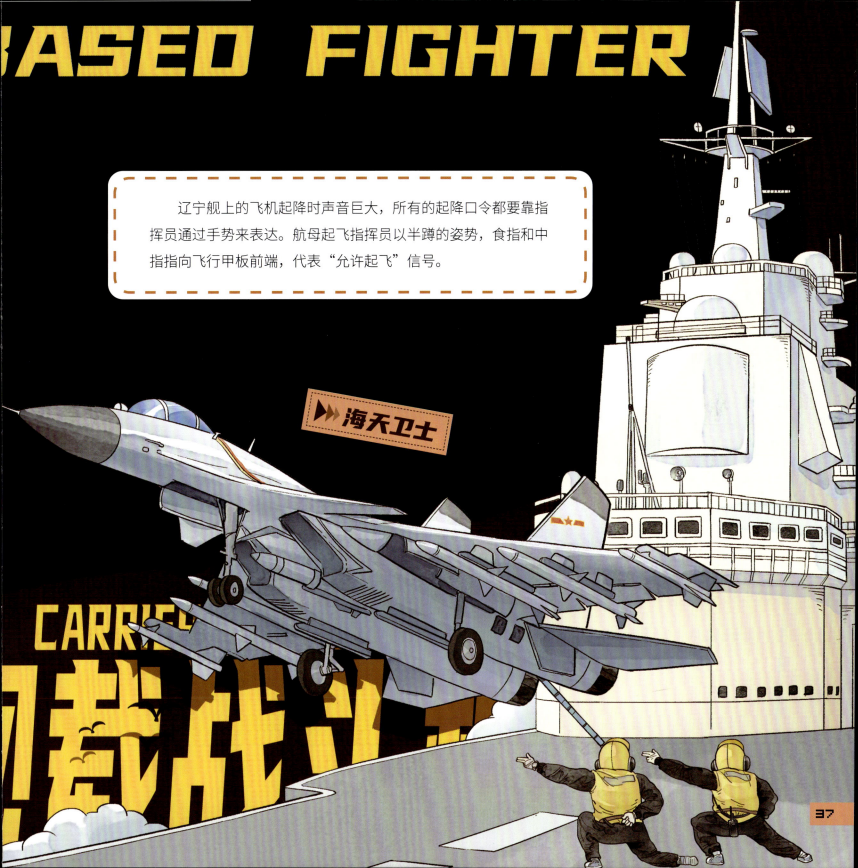

辽宁舰上的飞机起降时声音巨大，所有的起降口令都要靠指挥员通过手势来表达。航母起飞指挥员以半蹲的姿势，食指和中指指向飞行甲板前端，代表"允许起飞"信号。

海天卫士

CARRIE

歼20隐形战斗机

歼20隐形战斗机的机头、机身呈菱形，两侧垂直尾翼向外倾斜，起落架舱门为锯齿边设计，这些都是新一代战斗机上常用的隐身设计。它在态势感知、信息对抗、协同作战等多方面取得了突破，这是我国航空工业从跟跑到并跑，再到领跑的必由之路。

▶▶ 利剑无形

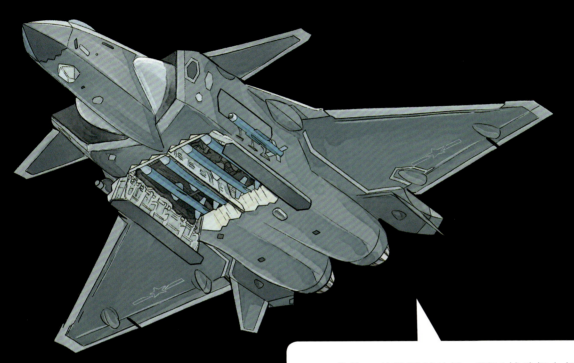

作为一款隐形战斗机，歼20战斗机在机腹设计了内置弹舱，可以内置挂载空空导弹等武器，同时两翼下设计了挂点，可以挂载武器和副油箱。

歼20战斗机的总设计师杨伟（1963—）作为我国新一代战斗机电传飞控系统的组织者和开拓者，在国外封锁极严、技术难度极大的情况下，带领团队克服种种困难，创造了国际新机试飞史和同类新机研制史的奇迹。他曾说："科技的发展推动着航空产品的更新迭代，而自主创新，就是科技发展之'根'。"

轰6K轰炸机

轰6K轰炸机是轰6系列飞机的新型号，绰号"战神"。通过换装先进的涡扇发动机、机载航电和雷达系统等电子设备，轰6K轰炸机具备了远程奔袭、大区域巡逻、防区外打击等能力，真正做到了载得更多、飞得更远、打得更准。

▶▶ 远程战略打击

轰炸机BOMBE

轰6K轰炸机的两翼下共有6个武器挂点，能够携带空射型巡航导弹或空射型远程反舰导弹，具备远程战略打击能力。

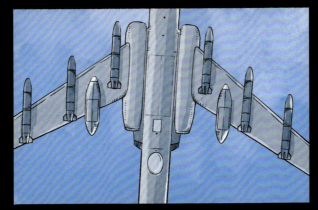

轰油6空中加油机

轰油6空中加油机是基于轰6改进而来的中国第一款空中加油机，它可以同时为两架战斗机进行空中加油。目前，中国空军和海军航空兵装备的歼8系列战斗机和歼10系列战斗机，都能由轰油6进行空中加油，大大提升了作战半径和续航能力。

轰油6空中加油机的两翼下，加装了锥套、软管等加油装置的加油吊舱，当然，受油机上也需要安装插头式受油装置。

运12运输机

运 12 运输机是中国自主研制的一款轻型多用途飞机，也是一款成功进军国际市场的民用飞机产品。多年来，运 12 成功销往 20 多个国家和地区。

运 12 采用双发、上单翼、单垂尾设计，可以满足货运需求，也可以执行空投空降、农林作业、地质勘探等通航业务，还可以根据特殊需求改装为电子情报、海洋监测和空中游览等专用飞机。

▶▶ 由中国飞向世界

运20运输机

运 20 运输机是中国自主研制的新一代大型多用途运输机，代号"鲲鹏"。它于 2013 年 1 月 26 日成功完成首飞，使中国成为世界上少数几个能够研制大型运输机的国家之一。运 20 在执行运送在韩志愿军烈士遗骸回国任务中发挥了重要作用。

▶▶ "鲲鹏"一跃，长空圆梦

AIRCRAFT 运输机

唐长红（1959—）是我国自主研发的首款大型运输机运 20 的总设计师，他带领团队历经 6 年的研发，于 2013 年实现了运 20 运输机的成功首飞，标志着中国一举跻身世界上少数几个能自主研制 200 吨级大飞机的国家之列。

运 20 运输机采用常规布局，机翼为悬臂式上单翼，T 形垂尾，前起落架为双轮，主起落架为 6 轮，具有出色的野外起降能力。运 20 可以在复杂气象条件下执行各种物资和人员的长距离航运任务。

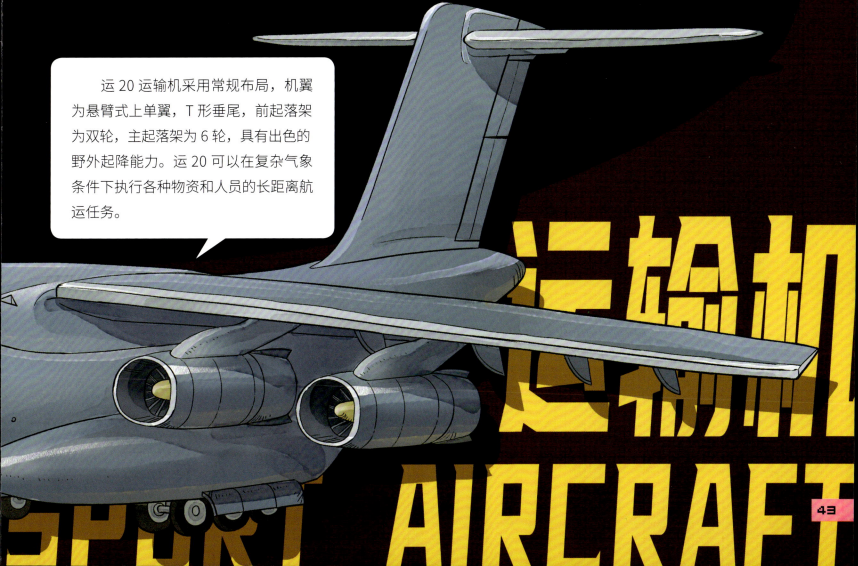

运输机

AIRCRAFT

预警机

空警2000预警机

空警2000预警机是一架被称为"争气机"的大型预警机，它的成功研制和部署使用，不仅弥补了我国武器装备体系功能上空中预警探测的空白，更使我国防空作战指挥实现了从"平面"到"立体"的跨越，形成了地面指挥与空中指挥相结合的指挥方式。

▶▶ 防空作战指挥立体化

2008年四川汶川地震期间，空警2000预警机曾对数量众多的救援飞机进行监管，协调各类飞机进入狭小空域，为抗震救灾作出了重要贡献。

2008年北京奥运会期间，空警2000预警机曾参与安全保卫工作，并以100%的出勤率和完好率，出色地完成了奥运安全保卫任务。

王小谟（1938—2023）院士是中国第一代"预警机人"，被誉为"中国预警机之父"，也是后来人的"精神领袖"。他是一位公认的战略科学家，主持研制成功我国第一部自动化三坐标雷达，成功研制我国第一部中低空兼顾的低空雷达，系统谋划和推进我国预警机事业的发展，设计提出了我国预警机技术发展路线图和预警机装备发展体系，为我国预警机研制彻底打破国际封锁、实现完全自主发展、赶超国际先进水平作出了无可取代的重要贡献。

王小谟院士还一向把人才当头等大事，在最困难时期，还是主张投入资源，引进人才——空警2000预警机的总设计师陆军（1964— ）就是其中一位。陆军建立了中国预警机信息系统技术体制，突破了综合效能、空地协同两项关键技术，实现了中国预警机技术的跨越式发展。

欧阳绍修（1956— ）主持设计并带领科研团队研制出运 8 系列飞机，使我国大型飞机平台实现了跨越式发展。他们还成功突破国外技术封锁，研制出中国首个自主知识产权、完全国产化的空警 200 预警机，随后又于 2014 年交付空警 500 预警机，大幅提高了中国空军的一体化、网络化和信息化作战能力。欧阳绍修认为，自己的每一项设计、每一次运算都关乎他人的生命，因此，每一次试飞他都尽可能亲自参与。

空警500预警机

空警 500 预警机是中国新一代空中预警指挥机，主要承担空中巡逻警戒及指挥控制任务。它采用了在运 8 基础上改进发展来的新型载机平台，配装了世界领先的数字相控阵雷达系统。2015 年 9 月 3 日，空警 500 预警机完成了纪念中国人民抗日战争暨世界反法西斯战争胜利 70 周年阅兵的飞行任务，这也是空警 500 预警机第一次公开亮相。

空军之眼

两栖飞机AMPHIBIOU!

"鲲龙"AG600水陆两栖飞机

"鲲龙"AG600 水陆两栖飞机是中国为满足森林灭火和水上救援的需要，自主设计、研制的大型特种用途民用飞机。它可以直接从水面上起飞，也可以从陆地上起飞。

▶▶▶一半飞机一半船

在森林灭火方面，"鲲龙"AG600 水陆两栖飞机有汲水速度快、水面滑行距离短等特点。只要附近有适宜的水源，它就可以随时汲水，甚至可以在 20 秒内汲满 12 吨水，大大缩短了任务准备时间。

AMOHI

为了"鲲龙"AG600 的研发，总设计师黄领才（1966— ）上演了新时代的"孟母三迁"：随着设计队伍的转移，黄领才多次举家搬迁。

在团队里，黄领才有个出了名的"715"工作制：每周工作7天，每天工作超过 15个小时，有时甚至连续一周都要工作 20 个小时，每天只睡三四个小时，办公室、飞机总装车间、出差，几乎成了黄领才生活的全部。对此，黄领才说过："我们要用别人喝咖啡、睡觉的时间来工作，因为我们和国外的差距还很远，要用几代人的努力拼搏实现超越。"

多年来，黄领才一直在航空产品研发、科研管理领域辛勤耕耘，积累了大量经验，成为国内飞机结构设计、复合材料应用方面的知名专家。

在执行水上救援任务时，"鲲龙"AG600 水陆两栖飞机具有良好的水陆起降、短距起降和低空、低速（利于空投作业等）的特性，其海上搜索救援航程超过 4000 千米，一次最多可以救援 50 名遇险人员或装载相应重量的空投物资。

初教6教练机

初教6是中国航空工业创建后，正式进行自行设计并批量生产的第一款飞机，主要用于空军、海军航校的新飞行员在各飞行科目上的初级培训。该机型在研制与改进阶段曾被命名为初教1，1964年8月被正式命名为初教6。生产至今，它一直是中国初级教练机的主力。

▶▶ "菜鸟"学员的首位"教官"

纵观中国航空工业发展长河，徐舜寿（1917—1968）无疑是我国航空工业的开创者之一、航空工业的一代宗师，在中国航空工业艰难起步阶段，主持成立了我国第一个飞机研制设计室，亲手将中国第一架喷气式飞机送上天空，又在歼击机、教练机、轰炸机等多个领域作出了突出贡献。由他主持、组织或亲自设计的飞机有歼教1、初教6、强5、歼6、轰6、运7等机型。为了飞机的研制工作，他曾多次搬家，足迹跨越了大半个中国。每次调动，他从不讲条件、地点，往往只有一句话：只要搞飞机，到哪儿都行！

徐舜寿桃李天下，为中国航空业培养了一大批栋梁之材，他的许多弟子后来都成为名震四方的航空大师。

▶▶▶ 第三代战斗机的实力教师

质量就是生命。

胡建兴（1956—），
"山鹰"系列飞机的
总设计师。

教练9高级教练机

　　教练9高级教练机（代号：山鹰）是一款用于衔接初级教练机和第三代战斗机的新一代高级教练机。教练9采用先进的气动布局和机载设备，能适应歼10、歼11等系列战斗机的飞行训练、战术训练需求，同时还具有改装为战术侦察机、轻型攻击机和航母舰载教练机的潜力。

▶▶▶ 身兼数职的"高级教师"

越是艰难，就越体现我们的存在价值。

张弘（1962—），L-15
高级教练机总设计师。

L-15 高级教练机

　　L-15 高级教练机（代号：猎鹰）是一款非常现代化的高级教练机，外形采用了带大面积机翼边条的翼身融合布局，具有很高的敏捷性。它的动力系统为两台带加力的涡扇发动机，能令其最大飞行速度达到1.4 马赫（1 马赫＝ 340.3 米 / 秒）。完善的动力系统，使它具有出色的载荷能力，还具有改进为轻型战斗机、攻击机的潜力。

直升机 HELICOPTER

直10直升机

直 10 直升机是中国第一种专业武装直升机，它的装备和服役结束了中国人民解放军陆军航空兵部队长期依赖通用直升机改型武装直升机的历史，大大提高了陆军航空兵部队的反装甲作战能力，以及低空支援和突击能力。

▶▶ 低空突击势在必得

直 10 直升机的机头有一门航炮，还配备了中国自主研制的光电探测及瞄准系统，因此具有全天候作战能力。其两侧短翼可以挂载火箭弹、反坦克导弹及空空导弹等武器装备。

直升机总体设计专家吴希明(1964—)曾参与直8、直9、直11等机型的研制并取得突出成绩，先后担任直 10、直 19 等重点机型的总设计师，在多型装备研制中发挥了重要的领军作用。

"我们的职责是航空强国、航空报国，强军是我们的首责。"近 40 年的时间，吴希明和同事们一起开创了中国直升机研制"探索一代、预研一代、设计一代、生产一代"多型号体系化发展的新局面，也见证了中国直升机研制领域多个里程碑式的时刻。

直升机 HELICOPTER

"关键核心技术是讨不来的，我们要争口气，不靠别人，靠自己！"航空工业直升机设计研究所总设计师邓景辉（1965—）带领技术团队四上高原、四进高寒，经过数年试验试飞验证，最终啃下硬骨头，取得了国产直升机防/除冰系统零的突破，使中国成为世界上第四个掌握直升机旋翼防/除冰技术的国家。

直20战术通用直升机

直20战术通用直升机是中国自主研制的中型双发多用途直升机，应用了电传飞控、旋翼防冰、除冰等新科技，能在复杂的昼夜气象条件下，执行机降、运输等多样化任务，具有全域、全时出动能力。

▶▶ 陆军的钢铁翅膀

无人机 UNMANNED

彩虹 5 无人机

彩虹 5 无人机是一款中高空长航时无人机，也是"彩虹"无人机家族中最新的一款"察打一体"无人机，装备有全自动飞行控制系统、抗干扰的数据链（视距、卫星）等，拥有飞行高度高、载荷能力强、航程长、高原短距起降性能强的特点。

作为一种多用途大型无人机，彩虹 5 无人机可以根据用户的需求调整配置，满足火控雷达、电子对抗和干扰等设备的装载要求。在军事方面，彩虹 5 可以为军方作战、反恐维稳等提供强力支持。在民用方面，彩虹 5 开创了民用无人机使用新模式，可以在一次飞行中满足多行业数据需求，如在执行航空探物作业时，将航磁、航电等多种电磁测量设备整合，满足多种地形和气象条件下的探测需求。

鹞鹰无人机

鹞鹰无人机是一型中空、低速无人机，它可以实现高精度、高时效性、多载荷、同平台遥感成像，主要用于各种比例尺地图测绘、灾害应急救援、地理国情监测、土地资源勘测、管线测量、边防监视、海事监测、科学考察等。

AERIAL VEHICLE

翼龙系列无人机总设计师李屹东（1966—）出生在"航空人"家庭，他的母亲曾是航空工业成都飞机设计研究所的科研人员。从小看着航空杂志长大的李屹东，中学时便有了成为飞机设计师的理想。研制翼龙无人机的起步十分艰难，李屹东带领研究团队克服重重困难，从"无人、无钱、无时间"，到突破无人机侦察、打击一体化等关键技术，再到翼龙第一次走出国门，飞行演示完美收官，他们最终将中国军民两用无人机的旗帜竖立于世界前列。

翼龙 I 无人机

翼龙 I 无人机是一款中低空、长航时，集侦察、打击于一体的多用途无人机，适合军用及民用，可以满足勘测、侦察、监视和打击等多种任务需求。翼龙无人机在 2005 年立项研制，目前已经发展到第二代。

▶▶ 侦察、打击一体化

无人机UAV

吴光辉（1960— ），中国工程院院士、飞机设计专家、C919大型客机总设计师。他从 2008 年起带领 C919 大飞机的研发团队，主持完成先进干线飞机研制，攻破了多项先进商用飞机关键技术，填补了国内产业能力多项空白。

　　吴光辉小时候就喜欢摆弄一些电子零件，高中时他便自己组装了一台收音机。后来，他因为对雷达、自动控制等技术的兴趣，选择进入相关专业学习，并立志成为一名飞机总设计师。在 C919的研制过程中，虽然技术难题层出不穷，但吴光辉带领着这支 75% 以上都是 35 岁以下的年轻工程师的团队，日夜奋战在研制一线。他们的矢志不渝，铸就了 C919 研制的成功，这标志着我国具备自主研制世界一流大型客机的能力，也是我国大飞机事业发展的重要里程碑。

▶▶中国第一款自主研制并投入运营的大型喷气式客机

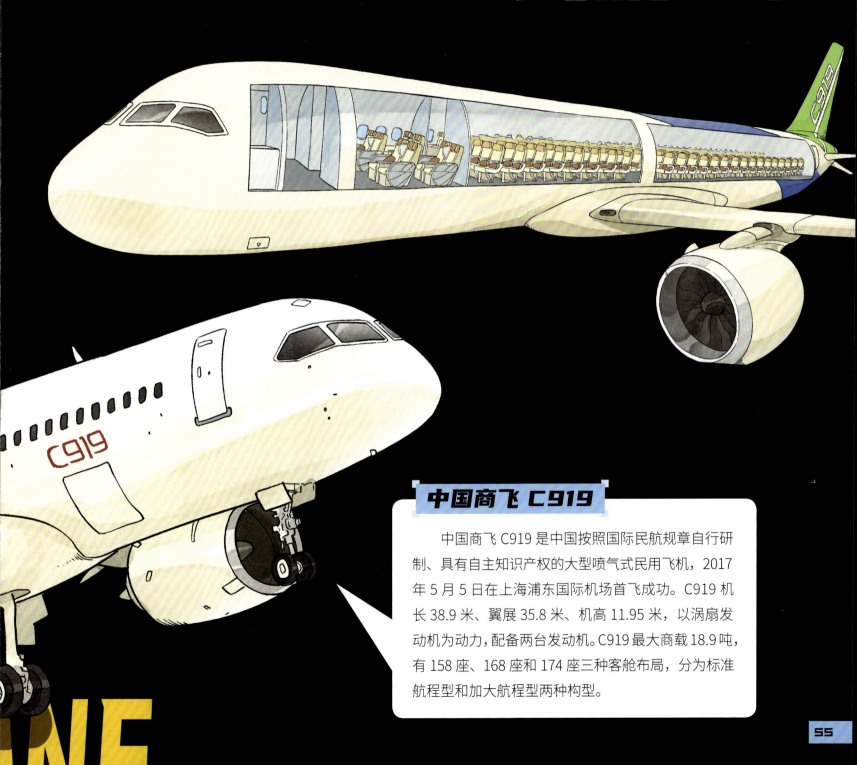

中国商飞 C919

中国商飞 C919 是中国按照国际民航规章自行研制、具有自主知识产权的大型喷气式民用飞机，2017年5月5日在上海浦东国际机场首飞成功。C919 机长 38.9 米、翼展 35.8 米、机高 11.95 米，以涡扇发动机为动力，配备两台发动机。C919 最大商载 18.9 吨，有 158 座、168 座和 174 座三种客舱布局，分为标准航程型和加大航程型两种构型。

展望未来航空科技发展蓝图

几代"航空人"坚持不懈的探索与努力，令中国的航空工业由弱到强，我们的航空科技从一张白纸，迅速发展到局部领先于世界的水平。然而，这些突破对从未停下科研探索脚步的"航空人"来说还远远不够。展望中国航空科技发展蓝图，未来大有可期！

无人机、超声速飞行、垂直起降等新兴技术的快速崛起，为中国发展航空科技注入了源源不断的灵感，也为未来人们出行带来了更加高效、便捷、安全的可能性。

我来补充！未来，大飞机的机身材料也将变得非常轻盈，这能有效减少燃料需求，节省成本。而燃料方面也将使用更加环保、节能的生物柴油、氢燃料电池等。

节省土地的大型水上飞机

广阔的水域可以解决地面机场起降条件的局限性，可作为飞翼式大型水上飞机等机型的天然停机坪。

地效飞行器

地效飞行器兼具船与飞机的特点，是一种贴近地面或水面高速行驶的运载工具，由于机翼下表面离地面或水面很近，因此会形成气流的堵塞，使机翼升力增加，能轻易地托举飞机离开地面或水面。这种现象被称为地面效应或翼地效应。地效飞行器在飞行过程中受到的阻力比船在水中航行受到的阻力要小很多，因此其速度也快得多。

超声速的巨型民航客机

民航客机越来越快、越来越大，是未来大飞机的研制趋势。飞机内部的巨大空间能承载更多乘客，有效缩减一趟航线中出航飞机的架次，而飞机的超声速巡航功能也可以将乘客更快、更安全地送达目的地，这些突破都能大大降低飞行成本。

◆ 四轴飞行摩托车

无人机

如今，无人机技术在军事领域已经有了可观的发展，在未来，无人机还将应用于其他各种领域，比如为医疗救援工作提供运输药品和物资的支持，为城市地面交通缓解压力，在空中进行快递和外卖的配送工作等。此外，无人机的监测功能也会越来越强大，可以用于农田植被的监测、森林火灾的预警等。

◆ 无人机

◆ 超声速客机

◆ 飞翼式大型水上飞机

◆ 四轴飞行空中轿车

◆ 中国研制的地效飞行器